ÜBER DIE

BEANSPRUCHUNG DER FÖRDERSEILE

DER KRAN- UND AUFZUGSSEILE

BEIM

ANFAHREN UND BREMSEN

VON

Dr.-Ing. ADOLF HEILANDT

MIT EINER TAFEL

MÜNCHEN UND BERLIN 1916
DRUCK UND VERLAG VON R. OLDENBOURG

Vorwort.

Die übliche Berechnung der Drahtseile für Hebezeuge ist noch ungenau und unvollständig. Die behördlichen Vorschriften für die Bemessung der Seile der Aufzüge und Fördermaschinen verlangen in der Regel nur den Nachweis, daß die statischen Spannungen das zulässige Maß nicht überschreiten, und verzichten auf die Berücksichtigung der dynamischen Anstrengungen infolge der unvermeidlichen Seilschwingungen beim Anfahren und Bremsen, wie auch — wenigstens für Fördermaschinen — auf die Berechnung der Biegungsbeanspruchung der Seildrähte bei der Ablenkung des Seiles an der Trommel und an den Leitrollen.

In meiner Schrift: »Ein Beitrag zur Berechnung der Drahtseile an Hand eines Vergleiches der Seilsicherheiten bei Fördermaschinen und bei Personenaufzügen unter Berücksichtigung der Seilschwingungen«[1] habe ich nachgewiesen, daß die bei eingehenderen Untersuchungen vereinzelt gehandhabte Nachrechnung der durch Stöße hervorgerufenen Zugspannungen im Förderseile viel zu niedrige Beträge gibt, wenn der wichtige Einfluß der Trägheit der Seilmasse auf die Schwingungen vernachlässigt wird.

Die nachstehenden Darlegungen sollen im Anschluß daran die Vorgänge beim Anfahren und beim Bremsen der in der vorliegenden Abhandlung im Vordergrund stehenden Fördermaschinen behandeln und Gleichungen bieten, die — auch für die Kran- und Aufzugsseile geltend — eine besser zutreffende Berechnung der dynamischen Zugspannungen ermöglichen, als sie zurzeit bei Benutzung der gebräuchlichen Formeln gewonnen werden kann.

Die neuen Gleichungen sollen nicht von Grund auf mathematisch hergeleitet werden, sondern es sollen bei der Aufstellung der-

---

[1] Mit Literaturangaben, Verlag R. Oldenbourg, München 1915.

selben die notwendigen Schlußfolgerungen unter Benutzung der wissenschaftlich begründeten Ergebnisse meiner oben erwähnten Arbeit gezogen werden. Dabei läßt es sich nicht vermeiden, einen in den Gleichungen auftretenden Koeffizienten vorläufig zu schätzen, und die nachstehenden Zeilen verfolgen in Anbetracht der Unmöglichkeit, die Aufgabe bis in alle Einzelheiten rein mathematisch zu lösen, weiterhin den Zweck: von neuem auf die Wichtigkeit eingehender Versuche an schwingenden Förderseilen hinzuweisen.

' Der Verfasser hofft, daß auch diese Arbeit das Interesse an der Seilfrage verstärken hilft, und daß die nächstbeteiligten Kreise, der Staat, die Bergwerksbesitzer und die Drahtseilindustrie, auf die wiederholt, auch von anderer Seite erfolgten Anregungen hin bald Mittel für Versuche in größerem Maßstabe zur Verfügung stellen werden. Diese müssen sich nach dem Programm der Jubiläumsstiftung der Deutschen Industrie[1]) und nach den Darlegungen Benoits [2]) auch noch auf weitere Studien über die Lebensdauer der Seile, den Einfluß des Seilaufbaues und der Fabrikation sowie auf die Bestimmung des günstigsten Draht- und Rollendurchmessers erstrecken.

Dann erst kann es gelingen, die Frage der äußerst verwickelten Seilbeanspruchung hinreichend zu lösen, so daß die auf der wissenschaftlichen Grundlage mathematischer Ableitung und des Versuches aufzubauenden Formeln gute Annäherungen an die wirklich auftretenden Beanspruchungen liefern. Die neuen Berechnungsverfahren werden auch die Ermüdung und Abnutzung des Materials berücksichtigen müssen und nicht mehr im Widerspruch mit den Folgerungen aus den Betriebserfahrungen[3]) stehen.

Berlin, den 1. Dezember 1915.

Dr.-Jng. **Adolf Heilandt.**

---

[1]) S. Zeitschr. des Ver. deutscher Ingenieure 1915, S. 163.

[2]) Die Drahtseilfrage, Beanspruchung, Lebensdauer, Bemessung von Seilen, insbesondere von Aufzugsseilen und ihre experimentelle Erforschung von G. Benoit, unter Mitwirkung von Dr.-Ing. R. Woernle, Verl. Fried. Gutsch, Karlsruhe 1915.

[3]) Erfahrungsmaterial über das Unbrauchbarwerden der Drahtseile von C. Bach, Selbstverlag des Vereins deutscher Ingenieure, Berlin 1915.

Inhaltsverzeichnis.

Eine Tafel mit Figuren.

1. Die gebräuchlichen Formeln für die bei der Förderkorbbeschleunigung auftretende Seilspannkraft.

Zur Berechnung der im Förderseil bei der Aufwärtsbeschleunigung des Förderkorbes zur statischen Spannkraft hinzutretenden dynamischen Zugkraft (in kg) wird noch fast allgemein die Formel

$$P = \frac{G}{g} \cdot p \quad \ldots \ldots \ldots \quad 1)$$

benutzt, in die als Zahlenwerte für G das Korbgewicht (oder auch dieses zuzüglich des Seilgewichtes) in kg, für g die Erdbeschleunigung 9,81 m/s² und für p die vorgesehene Beschleunigung beim Anfahren in m/s² eingesetzt werden.

Dementsprechend fügt man auch in Amerika in der Regel 10% der statischen· Förderseilbelastung zu dieser hinzu, um die Spannkrafterhöhung für die Beschleunigung $p \sim \frac{g}{10}$ zu berücksichtigen.

. Diese Rechnung würde jedoch nur zutreffen, wenn der Beschleunigungsakt für Seil und Korb schwingungsfrei vor sich ginge. Das ist jedoch keineswegs der Fall, und es ist deshalb von einigen Seiten vorgeschlagen worden[1]), an Stelle von p in Gleichung 1) mit dem Werte $2p$ zu rechnen, der sich bei der Untersuchung der Schwingungen eines masselos gedachten (gewichtslosen) Seiles ergibt. Aber auch die mittels einer solchen Formel gefundenen Spannkräfte bleiben immer noch weit hinter den bei Fördermaschinen mit langen Seilen entstehenden Seilspannkräften zurück, weil der Einfluß der Trägheit der Seilmasse auf die Seilschwingungen nicht berücksichtigt ist, der sich hier in gleicher Weise ausschlaggebend geltend macht wie

---

[1]) S. Aufsatz von Prof. Stör, Österr. Zeitschr. für Berg- und Hüttenwesen 1909, S. 474, und Bansen, Bergwerksmaschinen, Bd. III, S. 66.

bei der vom Verfasser eingehend erörterten[1]) Beanspruchung des
Förderseiles durch Stöße.

Selbst bei kurzen Seillängen, wie auch bei den Seilen der Krane
und Aufzüge, bei denen die Anwendung der für den masselosen Faden
geltenden Gleichungen eher zulässig wäre, kann die Formel

$$P_{max} = \frac{2\,G_K}{g} \cdot p \quad \text{bzw.} \quad \sigma_{max} = \frac{2\,G_K}{g}\,\frac{p}{F} \quad . \quad . \quad . \quad 2)$$

in der G_K das Gewicht des Förderkorbes, der Kabine oder einer Kranlast in kg, σ_{max} die größte Zugspannung im Seile in kg/cm[2] und F
die Querschnittsfläche aller tragenden Seildrähte in cm[2] bedeuten[2]),
nur in Einzelfällen genügend angenäherte Werte liefern. Es kann
dies, wie aus dem Folgenden hervorgehen wird, unter anderem ein-
treten, wenn bei der Beschleunigung einer aufwärtsfahrenden oder
auch beim Bremsen einer abwärtsfahrenden Last die Masse derselben
den Maschinenmassen gegenüber ausnahmsweise groß ist, oder wenn es
sich um das Bremsen einer aufwärtsgehenden bzw. um das Anfahren
einer abwärtsgehenden Last handelt.

2. Der Einfluß der Seilmasse auf die unter der Einwirkung der Schwere sich ausbildenden Seilschwingungen und die Beanspruchung des Seiles durch diese Schwingungen bei fester Einspannung des oberen Seilendes.

Während die Bewegungen jedes Punktes eines masselosen, senkrecht hängenden und schwingenden elastischen Fadens gleichartig
und stets gleichsinnig mit den Schwingungen der an seinem unteren
Ende befestigten Lastmasse verlaufen und als Sinusschwingungen zu
den einfacheren Schwingungsarten[3]) gehören, tragen beim massebehaf-
teten Seile die durch Stöße oder Beschleunigungskräfte veranlaßten
Schwingungen der Seilmasse einen viel verwickelteren Charakter.[4]

---

[1]) S. »Ein Beitrag zur Berechnung der Drahtseile . . . .« (ausführlicher Titel
im Vorwort), in dem im Abschnitt 3a der Einfluß der Massenträgheit auf die
dynamischen Spannungen beim Anfahren der Fördermaschinen auch bereits angedeutet ist. Auch die weiterhin angezogenen Fig. 7 bis 11, Abschnitt 3g, gehören
dieser Arbeit an.

[2]) Beiläufig mag noch erwähnt werden, daß bei der Herleitung des Beiwertes 2 von dem Einfluß der inneren Seilreibung und der elastischen Korbauf-
hängung abgesehen ist.

[3]) S. des Verf. »Ein Beitrag zur Berechnung der Drahtseile....«, S. 17 u. f.
[4]) Wie unter [3]) S. 28 u. f.

Die Seilmassenelemente geraten für sich gleichsinnig und gegeneinander in longitudinale Bewegungen, die gleichzeitig neben den andersgearteten Schwingungen des Korbes und des untersten Seilpunktes einhergehen. Die wellenförmig durch das Seil sich fortpflanzenden Dehnungsbewegungen werden an der oberen Einspannstelle des Seiles und am Korbe wiederholt reflektiert, wobei die Höchstwerte der Zugspannungen auftreten.

Die dynamischen Dehnungen, die als Längenänderungen für die Einheit beim Schwingen eines Förderkorbes nicht mehr wie beim masselosen Faden für einen beliebig herausgegriffenen Zeitpunkt für alle Seilpunkte konstant sind, setzen sich aus zwei Beträgen zusammen: der größere Teil rührt her von der Einwirkung der schwingenden Lastkorbmasse auf die elastische Seilmasse, der im allgemeinen wesentlich geringere Teil von der unmittelbaren Einwirkung der Schwere auf die schwingenden Seilmassenelemente, d. h. von der damit verbundenen Umsetzung der diesen Seilmassenteilchen beim Schwingen seitens der Schwere verliehenen kinetischen Energie in Deformationsarbeit.

Ehe die bei einer stoßfreien Beschleunigung des Förderseiles und des Korbes entstehenden Beanspruchungen unter Berücksichtigung der Seilmasse berechnet werden, sollen zur Gewinnung eines anschaulichen Bildes von der Art und dem Verlauf der Spannungen bei Schwingungen der Seilmasse zunächst die verwandten, schon eingehender erforschten Beanspruchungen bei der Stoßbelastung betrachtet werden.

In des Verfassers oben erwähnter Schrift ist im Abschnitt 3e die Beanspruchung eines mit dem Korbe mit der Geschwindigkeit v_0 abwärtsbewegten Seiles, das am oberen Ende plötzlich festgehalten wird, unter Berücksichtigung der Seilmasse, aber bei Vernachlässigung der unmittelbaren Einwirkung der Schwere auf die Seilmasse untersucht worden. Von den dabei gewonnenen Ergebnissen mögen jetzt zunächst die Werte für die Spannung σ_u, die dicht über dem abwärtsfahrenden Korbe auftritt, näher ins Auge gefaßt werden.

Die auch auf anliegender Tafel in Fig. 1 [1]) wiedergegebene Fig. 9 zeigt, daß diese Spannungen dieselbe Höhe erreichen, die die Beanspruchung σ_0 im obersten Seilquerschnitt annimmt, obgleich — und das ist nun für die folgenden Überlegungen wesentlich — im

---

[1]) S. auch The London, Edinburgh and Dublin Philosophical Magazine and Journal of Science, Vol. XI, Sixth Series January—June 1906: »Winding Ropes in Mines« by Prof. John Perry.

Gegensatz zu der festen Einspannung des Seiles am oberen Ende
der Korb, an dem sich die für die Spannung σ_u maßgebenden Reflexionen ausbilden, nicht fest, sondern nachgiebig — oder anders ausgedrückt — nicht von unendlich großer Masse, sondern in senk-
rechter Richtung, in der auch die Seilschwingungen stattfinden, nach
den bekannten Gesetzen für die Massenbewegung frei beweglich ist.

Bei näherer Betrachtung der Kurven in Fig. 1 ist die Ursache
dieser zunächst vielleicht auffallenden Erscheinung zu erkennen, wenn
man gleichzeitig die Massenbewegungen im Seile verfolgt.

Beim Festhalten des obersten Seilpunktes wird die Bewegung
der obersten Querschnittsfläche, also der Deckfläche des ersten Seil-
massenelementes, bis zur Ruhe verzögert, und es entsteht dabei in
dieser Fläche die Spannung σ_{01}, wie sie für diesen Zeitpunkt in Fig. 1
als Ordinate eingetragen ist. Da sich das Seil zusammen mit dem Korbe
in noch ungestörter Abwärtsbewegung befindet, wird zunächst dieses
erste Seilelement gedehnt; seine Grundfläche, die zugleich die Deckfläche des darunter liegenden Seilelementes ist, macht dabei eine Abwärtsbewegung, bis sie gleichfalls zur Ruhe kommt. Für das dritte,
vierte usw. Element gilt dasselbe. Die Längenänderungen und die
Dehnungen fallen hierbei zunächst für alle Elemente gleich groß aus,
bleiben einstweilen bestehen, und dementsprechend ist die Spannung
im obersten Seilquerschnitt, wie auch in den darunter liegenden, zunächst konstant. Bis sich die Bewegungsänderung bis zum Korbe hin
fortgepflanzt hat, ist im vorliegenden Beispiel bei einer beanspruchten
Seillänge von 33 m die Zeit $\sim 0{,}00625$ s vergangen, da die Geschwindigkeit a, mit der sich Deformationen über ein Seil der Länge nach
ausbreiten, mit mindestens 290 000 cm/s anzunehmen ist[1]). Die Geschwindigkeit des als starre Masse gedachten Korbes, auf den bis
zu diesem Zeitpunkt noch keine verzögernde Kraft einwirken konnte,
ist die gleiche geblieben, mit ihm die des untersten Seilquerschnittes,
die stets mit der Korbgeschwindigkeit übereinstimmt; damit dies
möglich war, mußte sich eben ein Seilelement nach dem anderen,
so auch das unterste, in der soeben besprochenen Weise dehnen.[2])

---

[1]) S. des Verf.• »Ein Beitrag zur Berechnung der Drahtseile ....«, S. 29.

[2]) Die während dieses ersten Zeitabschnittes in allen Seilquerschnitten
entstehende Spannung $\sigma_1 = \sigma_{01}$ läßt sich demgemäß in einfacher Weise wie folgt
ermitteln.

In dem Augenblick, in dem das unterste Seilelement gedehnt worden ist, muß
die Verlängerung s des Seiles gleich der Wegstrecke sein, die der Korb mit der
Geschwindigkeit v_0 während der Fortpflanzung der Dehnungen vom oberen bis

Nun aber eilt der Korb mit seiner großen Masse offenbar weiter abwärts, und dazu müssen in dem augenblicklich ruhenden Seile neue Dehnungen geschaffen werden: das unterste Element, auf das der Korb zunächst nur einwirken kann, muß sich deshalb sofort um den schon erreichten Betrag weiterdehnen[1]), wobei die Spannung im untersten Seilquerschnitt von dem Betrag $\sigma_u = \sigma_{01}$ auf den ersten Spitzenwert σ_{u1} steigt. Das Anwachsen von Null bis auf σ_{u1} über den Betrag σ_{01} hinweg geschah sprungartig, und das so gedehnte, mit dem Korbe abwärts gezogene Seilelement dehnt nun das darüberliegende, dieses das nächste usw.; alle Seilelemente bleiben fortan in Bewegung, bis Seil und Korb nach dem Abklingen der Schwingungen zur Ruhe kommen.

Man nennt den Vorgang bei der Entstehung der Spitzenwerte Reflexion, weil sich die Dehnungsbewegungen oder die Längen- und Spannungsänderungen vom oberen Seilende bis zum Korbe abwärts

zum unteren Seilende über die Seillänge l zurückgelegt hat, also während der Zeit $t = \dfrac{l}{a}$.

Dieser Weg s beträgt demnach $s = v_0 \dfrac{l}{a}$, und hieraus folgt die zugehörige Dehnung des Seiles $\varepsilon = \dfrac{s}{l} = \dfrac{v_0}{a}$.

Nach den Gesetzen der Festigkeitslehre ist die zugehörige Spannung $\sigma = \varepsilon E$, wobei E der Elastizitätsmodul des Seiles ist, und damit kommt, wenn man den soeben für ε ermittelten Wert $\dfrac{v_0}{a}$ einführt:

$$\sigma_1 = v_0 \frac{E}{a}.$$

Dieser nur nach Ablauf der Zeit $t = \dfrac{l}{a}$ für alle Seilquerschnitte einen Augenblick konstante Wert stimmt mit dem Betrag für die Spannung σ_{01} im obersten Querschnitt, den man aus der Differentialgleichung

$$\frac{\partial^2 s}{\partial t^2} = a^2 \cdot \frac{\partial^2 s}{\partial x^2}$$

für die Seilschwingungen nach dem Auflösen und Integrieren für den Bereich $0 < at < 2l$ und nach dem Multiplizieren mit dem Elastizitätsmodul E erhält, überein (s. des Verf. »Ein Beitrag zur Berechnung der Drahtseile ....«, S. 31 u. 32).

[1]) Wie das auch aus der für den Bereich $l < at < 3l$ geltenden und mit dem Elastizitätsmodul E multiplizierten Lösung

$$\sigma_{u1} = E \left\{ \frac{2\,v_0}{a} \cdot e^{\dfrac{-(at-l)}{m_0\,l}} \right\}$$

der Schwingungsgleichung hervorgeht, wenn $at = l$ eingesetzt wird.

und darauf in umgekehrter Richtung wieder aufwärts fortpflanzen, wie ein senkrecht auf einen Spiegel geworfener Lichtstrahl in seinen Ausgangspunkt, die Lichtquelle, reflektiert wird.

Hat die Dehnungszunahme nach der Zeit $0,0125\,s$ auch beim obersten Seilelement stattgefunden, so tritt hier Reflexion auf, die Spannung σ_{01} steigt dabei auf den zugehörigen Spitzenwert, und nun pflanzen sich die Dehnungen zum zweiten Male nach dem unteren Seilende hin fort, wo nach Verlauf von $0,01875\,s$ die zweite Reflexionsspannung der gestrichelten Kurve entsteht. Die Spannung σ_{u1} war inzwischen etwas gesunken, weil die Korbgeschwindigkeit v unter der dauernden Einwirkung der Spannkräfte $\sigma_u F$ abgenommen hat, wie die strichpunktierte Kurve zeigt; auch diese Spannungsabnahmen, die eine Zeitlang in ununterbrochener Folge auftreten, machen sich aufwärtslaufend bei allen Seilelementen geltend. Sie sind um so größer, je kleiner die zu beschleunigende Korbmasse ist, und dementsprechend sinken auch die Höchstspannungen im oberen und unteren Seilquerschnitt, weil die Spannungserhöhungen bei den späteren Reflexionen jeweils von einem weiter herabgedrückten Spannungswert ausgehen.

Der weitere Verlauf der Kurven ist entsprechend zu deuten.

———

Nach diesen Feststellungen kann über das Entstehen der hohen Spannungen über dem Korbe begründend gesagt werden: Die Reflexion am frei beweglichen Korbe von endlicher Masse erfolgt jeweils so, als ob der Korb für den Augenblick, in dem die Spannungserhöhung eintritt, ein Festpunkt wäre, weil seine Masse gegenüber der des untersten Seilelementes, das allein zunächst dabei gedehnt werden kann, sehr groß (bei unendlich klein angenommenem Seilmassenelement unendlich groß) ist, und weil es an der zur Verzögerung der Korbbewegung (entsprechend einem Nachgeben des Korbes beim Anwachsen der Spannung zum Reflexionswert) nötigen Zeit fehlt.

Erst bei der Fortpflanzung der ersten Reflexionsdehnung seilaufwärts und nach dem Verlauf der dazu erforderlichen Zeit können sich die höherliegenden Seilelemente durch Vermittlung der unter Spannung stehenden, tieferliegenden Massenteilchen an der Beschleunigung (in der Aufwärtsrichtung) des Korbes beteiligen. Die Korbgeschwindigkeit geht allmählich, nachdem mehrere Reflexionen — für die das soeben Gesagte gleichfalls gilt — stattgefunden haben, auf Null zurück und durchläuft dann abwechselnd negative und positive Werte, wie auch die Spannungen σ_0 und σ_u nebst den Beanspruchungen aller übrigen Seilquerschnitte schwingungsartig verlaufen.

Die Kurve der Korbgeschwindigkeit v zeigt noch, daß die Zunahme der Spannung σ_u bei der Reflexion sogar in den Zeitpunkten groß ausfällt, in denen die Korbbewegung bei der Schwingung aufwärtsgerichtet, also im Sinne der Bewegung der Seilmassenteilchen nach der Reflexion erfolgt; dabei ist aber die Fortpflanzungsgeschwindigkeit a der Seildehnungen viel größer als die Korbgeschwindigkeit v.

Ihrem Verlauf nach tragen nun die Spannungslinien der für die vorliegende Untersuchung der Vorgänge beim Anfahren eines Förderkorbes maßgebenden Schwingungsbeanspruchungen[1]) denselben Charakter wie die Kurven der soeben besprochenen Stoßbeanspruchungen.[2]) So entstehen bei einer der Inanspruchnahme beim Anfahren ähnlichen Seilbelastung, bei der die Schwerkraft den Korb unter den in der untenstehenden Anmerkung 1) näher gekennzeichneten Bedingungen stoßfrei beschleunigt, nach dem Fortnehmen der in der Fig. 2 gestrichelt angedeuteten Unterstützung am unteren Seilende Höchstspannungen $\sigma_{u max}$ bei der Reflexion, die den an der Einspannstelle auftretenden Beanspruchungen $\sigma_{0 max}$ im allgemeinen wenig nachstehen; nur infolge der Einwirkung der Schwere auf die Seilmasse fallen die Spannungen σ_0 größer aus. Formeln für diese Höchstspannungen $\sigma_{0 max}$, die die Dämpfung der Schwingungen durch innere Reibung allerdings nicht berücksichtigen, sind bekannt[3]): für das Massenverhältnis (Lastmasse dividiert durch Seilmasse) $m_0 = 1$ wird die dynamische Höchstspannung, wenn sie unterhalb der Proportionalitätsgrenze bleibt,

$$\sigma_{0 max} = \frac{1,63\,(G_K + G_S)}{F} \quad \ldots \ldots \quad 3)$$

worin G_K das Korbgewicht, G_S das Seilgewicht und F der tragende Seilquerschnitt ist.

---

[1]) Schwingungen solcher Art sind in des Verf. »Ein Beitrag zur Berechnung der Drahtseile . . . .«, S. 43 u. f. im Abschn. 3g für eine ruhende, plötzlich, aber ohne Geschwindigkeit an das untere Ende eines oben befestigten Seiles gefügte Einzellast (s. Fig. 2 auf anliegender Tafel) besprochen, und die Höchstwerte der dabei unter gleichzeitiger Einwirkung der Schwere auf die Seilmasse entstehenden Spannungen sind dabei angegeben worden.

[2]) Ein Unterschied kommt durch die Wirkung der Schwere auf die Seilmassenteilchen zustande.

[3]) S. auch Love, Lehrbuch der Elastizität, deutsch von Dr. Alois Timpe, Verlag Teubner 1907, § 283.

Für $m_0 = 4$ lautet die Formel

$$\sigma_{0\,max} = \frac{1,84\,(G_K + G_S)}{F} \quad \ldots \ldots \quad 4)$$

sie strebt mit wachsendem Verhältnis m_0 einem Wert

$$\sigma_{0\,max} \sim \frac{2\,(G_K + G_S)}{F} \quad \ldots \ldots \quad 5)$$

zu, der dem Grenzwert

$$\sigma_{0\,max} = \frac{2\,G_K}{F}$$

für $G_S = 0$ nahekommt.

Die Beanspruchungen gehen dabei in der Hauptsache von der zuerst in Bewegung geratenden Korbmasse M_K aus, deren Größe deshalb, wie die Formeln zeigen, neben der der Seilmasse M_S bei der Berechnung in Betracht zu ziehen ist, und sie fallen um so größer aus, je größer die Summe dieser beiden ist.[1]

3. Die Einspannung des oberen Seilendes in eine bewegliche Masse von endlicher Größe und die Grundgleichungen für die bei der Beschleunigung oder Verzögerung einer Lastmasse auftretenden Beanspruchungen.

Nach dem Erörterten ist es aber ohne weiteres klar, daß die Spannungen σ_0 am oberen Seilende bei den ersten Reflexionen im allgemeinen nichts oder nur wenig von ihrer Höhe einbüßen werden, wenn auch die obere Einspannstelle des Seiles nicht, wie bisher angenommen, fest oder von unendlich großer Masse, sondern wenn sie wie die Lastmasse eine bewegliche Masse von endlicher Größe ist.

Fig. 3 stellt einen solchen Belastungsfall schematisch dar: die an Stelle der festen Einspannung des Seiles gezeichnete Masse M_M (zunächst wesentlich größer als die Korbmasse gedacht) ist dabei nach unten abgestützt und nach oben frei beweglich.

Überläßt man nun durch Fortnehmen einer unter der Korbmasse M_K gestrichelt gezeichneten Unterstützung diese Masse plötzlich der Einwirkung der Schwerkraft, so entsteht die Spannung σ_0 dicht über der Masse M_M, die Spannung σ_u wie bisher dicht über der Korbmasse M_K. Bei der Berechnung der Höchstspannungen $\sigma_{0\,max}$

---

[1]) Hier wie auch weiterhin wird vorausgesetzt, daß die nach den Figuren angenommene Leitrolle die Seilschwingungen nicht nennenswert stört.

nach den auch für den vorliegenden Fall anwendbaren Formeln 3) bis 5) ist für die Bestimmung des Massenverhältnisses m_0 wieder der Wert $\dfrac{M_K}{M_S}$ und für die Gesamtlast $(G_K + G_S)$ der Wert $(M_K + M_S)\, g$ maßgebend, weil die Masse M_K auch hier, wie bei der Belastung nach Fig. 2, durch ihr Sinken das Auftreten der Dehnungsschwingungen verursacht.

Bei der Fördermaschine liegt ein ähnlicher Belastungsfall vor, wenn der auf der Aufsatzvorrichtung stehende Korb von dieser plötzlich bei straffem Seile freigegeben wird und die stillstehende Trommel, die dabei die Rolle der Einspannmasse M_M übernimmt, im gegebenen Augenblick gebremst oder ungebremst ist.

Die Gleichungen 3) bis 5) lassen sich auch in der für alle Massenverhältnisse geltenden Form

$$\sigma_{0\,max} = \frac{c\,(M_K + M_S)\, g}{F} \qquad \ldots \ldots \quad 6)$$

schreiben, in der der Beiwert $c < 2$ ist.

Für den durch Fig. 4 gekennzeichneten Belastungsfall, bei dem $M_K > M_M$ ist, liegen die Verhältnisse im wesentlichen ebenso wie bei der Belastung nach Fig. 3. Da die kleinere Masse M_M jetzt durch die größere Korbmasse M_K gleichfalls in Bewegung und dabei zunächst auch in Schwingungen versetzt wird, so werden Superpositionen der Schwingungen beider Massen die Seilbeanspruchungen beeinflussen[1]), bis schließlich — genügend große Seillängen auf beiden Seiten der Rolle angenommen — beide Massen nach dem Abklingen der Schwingungen sich mit gleicher Beschleunigung weiterbewegen. Es werden indessen die durch die Korbmasse erzeugten Schwingungen bei den ersten Reflexionen an der Einspannmasse M_M[2]), bei denen die zugehörige Höchstspannung schon auftritt, im allgemeinen noch verhältnismäßig wenig verändert sein, so daß die Gleichung 6) als angenähert richtig zur Berechnung der größten Be-

---

[1]) Wie aus den Erwägungen auf S. 6 bekannt ist, wird der Korb beim Schwingen unter der dauernden Wirkung der Seilspannkräfte in der Aufwärtsrichtung beschleunigt, solange er sich noch mit abwärts gerichteter Geschwindigkeit bewegt, und damit nehmen wiederum die Spannungen im Seile allmählich ab. Diese Spannungsabnahmen werden im vorliegenden Belastungsfall in erhöhtem Maße auftreten, weil nunmehr an beiden Seilenden nachgiebige Massen Beschleunigungen erfahren.

[2]) Vorausgesetzt, daß diese der Korbmasse gegenüber nicht unverhältnismäßig klein ist.

anspruchung auch in diesem Falle mit den Beiwerten der Gleichung 3) bis 5) benutzt werden kann oder sonst doch Gültigkeit als Grundgleichung behält, für die dann die Werte c noch genauer zu bestimmen wären.

Nun verdient aber vor allem der in Fig. 5 dargestellte Belastungsfall Beachtung, der in ähnlicher Weise bei der Aufwärtsbeschleunigung eines Förderkorbes (z. B. an der Rasenhängebank) vorliegt, und der sich bei seiner symmetrischen Anordnung im Grunde genommen mit der Belastung nach Fig. 4 deckt. Für die dynamische Beanspruchung bei der Beschleunigung der Masse M_K durch die plötzlich nach unten freigegebene Masse M_M ist deshalb jetzt zweifelsohne zu setzen:

$$\sigma_{0\,max} = \frac{c\,(M_M + M_S)\,g}{F} \quad \ldots \ldots \ldots 7)$$

d. h. die Gleichung 6) mit der Masse M_M an Stelle von M_K (wenn auch hier von den Spannungsänderungen durch den mitschwingenden Korb, die erst nach und nach an Einfluß gewinnen, abgesehen wird); denn die Masse M_K übernimmt die Stelle der oberen Einspannung des Seiles, die für das Entstehen der Dehnungen in erster Linie maßgebende Massenbewegung geht von der Masse M_M aus, und daher gelten die Spannungen σ_0, sinngemäß bezeichnet, für den Seilteil über dem Korbe M_K. Der Sachlage entsprechend, ist das Massenverhältnis m_0 nunmehr als M_M/M_S zu bestimmen.

Für den Fall, daß der längere Seilteil auf der Seite der Korbmasse M_K (z. B. bei der Beschleunigung am Füllort) liegt (s. Fig. 6), sind mit Rücksicht darauf, daß bis zur ersten Reflexion die Bewegung der Seilmasse dem Wirkungssinn nach nicht mehr wie bisher in die Abwärtsrichtung der Schwerkraft fällt, etwas kleinere Spannungen σ_0 über dem Korbe zu erwarten; wird hiervon abgesehen, so liefert Gleichung 7) wieder die Höchstspannung.[1]

Wird die Beschleunigung der Masse M_M nicht durch die anziehende Kraft der Schwere bewirkt, sondern wie bei einer eintrumigen Fördermaschine z. B. durch eine elektromagnetische Anziehungskraft, wie sie beim Elektromotor auf den Anker ausgeübt wird, so behält die für die Belastung nach Fig. 5 aufgestellte und für die Belastung nach Fig. 6 übernommene Gleichung 7) naturgemäß auch für die Anordnung nach Fig. 7 im wesentlichen ihre Gültigkeit, wenn die Be-

---

[1] Diese entsteht infolge des erwähnten Einflusses der Schwere in Wirklichkeit als $\sigma_{u\,max}$ über der Masse M_M in voller Größe.

schleunigung dieselbe, nämlich g bleibt, und das Drehmoment des Motors konstant ist. Dieses wirkt beschleunigend auf die Masse des Ankers und auf die starr[1]) mit ihm gekuppelten Maschinenmassen, deren Summe einschließlich der Ankermasse M_M ist, und erzeugt Dehnungswellen in dem elastischen Seile, wie es bei der Belastung nach Fig. 6 seitens der durch die Schwere beschleunigten Masse M_M geschah. Wie dort übt die Schwerkraft des weiteren ihren Einfluß unmittelbar auf die schwingende Seilmasse aus; die anziehende Kraft des Motors kann eine der Schwere entsprechende Fernwirkung auf die Seilmassenelemente nicht zuwege bringen.

Die Gesamtwirkung der motorischen Kraft und der Schwere deckt sich also im wesentlichen mit derjenigen bei der Belastung nach Fig. 6, und es wird deshalb die bei den Reflexionen entstehende Maximalspannung auch nach Gleichung 7) als

$$\sigma_{max} = \frac{c\,(M_M + M_S)\,g}{F}$$

berechnet werden können.

Damit ist aber auch das Wichtigste festgestellt: daß nämlich für die Beanspruchung des Seiles bei der Beschleunigung des aufwärtsfahrenden Korbes n i c h t — wie man bisher allgemein annahm — die K o r bm a s s e , sondern in erster Linie die M a s c h i n e n m a s s e n oder, anders ausgedrückt, die beschleunigende Kraft der Antriebsmaschine[2])

---

[1]) Die kleinen elastischen Formänderungen der Maschinenmassen und der Wellen fallen den viel größeren Dehnungen des Seiles gegenüber nicht ins Gewicht.

[2]) Auch zeitlich gedacht, können bis zur ersten Reflexion über dem Korbe (bei 1000 m langem Seile bis zum Verlauf ungefähr einer Drittelsekunde) nur von derjenigen Seite her Beanspruchungen im Seile bewirkt werden, von der die dazu erforderlichen Dehnungen durch Bewegung ausgehen: also von der Maschinenseite aus. Der Korb befindet sich solange in Ruhe und kann das Seil nicht dynamisch beanspruchen. Er setzt nur seiner Mitbewegung mit den untersten, aufwärtsstrebenden Seilelementen seinen erheblichen Massenwiderstand entgegen, wirkt dabei zunächst wie eine feste Seileinspannung und veranlaßt die erste Reflexion, wobei die zugehörige Spannung auf einen von der Größe der Korbmasse unabhängigen Wert steigt.

Nur in extremen Fällen, wie z. B. bei der Beschleunigung eines leeren Kranhakens, tritt der Einfluß der Maschinenmassen auf die Höchstspannung zurück und der der Lastmasse (leerer Haken) in den Vordergrund. Die Beschleunigung der Lastmasse durch die dynamischen Spannkräfte der Seilmasse wird dann, wie dies bei der Besprechung der Stoßbelastung für kleine Korbmassen angedeutet wurde (s. S. 6), verhältnismäßig hoch ausfallen und in Abhängigkeit hiervon die Höchstspannung, die nicht immer bei der ersten Reflexion zu erwarten ist, neben der Seilmasse in Frage kommen.[1]) — Von dem Unterschied zwischen den Spannungen $\sigma_{o\,max}$ und $\sigma_{u\,max}$ soll, wie schon auf S. 10 für die Belastung nach Fig. 6 vorgeschlagen wurde, fernerhin abgesehen werden; es soll die nach den Formeln als σ_{max} berechnete Beanspruchung als Höchstwert für beide Seilenden gelten.

Die Gleichung 7) ist somit als die Grundgleichung für die Beanspruchung des Seiles im Querschnitt über dem Korbe wie auch an der Trommel bei der Beschleunigung des aufwärtsfahrenden und, wie leicht einzusehen ist, ebenso bei der durch Bremsen hervorgerufenen Verzögerung des abwärtsfahrenden Korbes, die auch von den Maschinenmassen bewirkt wird, anzusehen. Es ist nun nur noch zu berücksichtigen, daß die beim Anfahren und beim Bremsen herrschende Beschleunigung bzw. Verzögerung eines Förderkorbes von dem Werte g stark abweicht.

Gleichung 6) bleibt als Grundgleichung noch von Bedeutung für die in dem späteren Abschnitt 8) besprochene Berechnung der Seilspannungen beim Anfahren des abwärtsgehenden und beim Bremsen des aufwärtsfahrenden Korbes.

4. Die dynamische Seilspannung beim Anfahren des aufwärtsgehenden Korbes.

Ist die Beschleunigung des aufwärtsfahrenden Korbes einer eintrumigen Fördermaschine nicht g, sondern ein davon abweichender Wert p, der bei Fördermaschinen erheblich kleiner als 9,81 m/s² ist, so wird für die beim Anfahren infolge der Seilschwingungen an den

entsprechend klein. Sie wird über den Spitzenwert bei der ersten Reflexion nicht wesentlich hinausgehen und in vielen Fällen, besonders auch bei kurzen Seilen, als

$$\sigma_{max} = \frac{c \,(M_K + M_S)\, g}{F}$$

berechnet werden können.

Die Formel 2) liefert also auch für diese Massenverhältnisse angenähert richtige Werte. Bis zu welcher Größe der Lastmasse diese Werte brauchbar sind, darüber können am sichersten Versuche Aufschluß geben; im übrigen ist die Frage für die Berechnung zur Bemessung der Seile von untergeordneter Bedeutung,

[1]) Beim Angehen der Seilbahnen und beim Anfahren einer Treidellokomotive liegen die Verhältnisse ähnlich; aber auch für die Kran- und Aufzugseile gilt das oben Gesagte, wenn für das Kranseil an Stelle von Korb: »Last« und von Korbmasse : »Lastmasse« gelesen wird.

Seilenden entstehende dynamische Höchstbeanspruchung an Stelle der Gleichung 7) angenähert gelten:

$$\sigma_{max} = \frac{c\,(M_M + M_S)\,p}{F}\ ^1) \qquad \ldots \ldots \quad 8)$$

Hierin ist p als Faktor für die Maschinenmassen M_M und für die Seilmasse M_S gewählt und von einer Korrektur zur vollen Berücksichtigung des auf S. 3 und 7 erwähnten, bezüglich der Gesamtdehnungen aber im allgemeinen untergeordneten Einflusses der Schwere auf die Seilmasse abgesehen worden.

Da die Maschinenmassen bei der Fördermaschine in der Regel größer sind als die Korbmasse, so fällt die Beschleunigungsbeanspruchung des Seiles nach dieser maßgebenden Formel 8) größer aus als bei der bisher üblich gewesenen Berechnung nach den Formeln 1) oder 2) in Abhängigkeit von der Korbmasse.[2]) Der Unterschied ist bei der Aufwärtsbeschleunigung des Lastkorbes meist so groß, daß die Spannungsberechnung in Zukunft keinesfalls ohne weiteres nach der Formel 2) erfolgen darf, wenn man einerseits anstrebt, den Ursachen der immer wieder beobachteten Seilzerstörung auf die Spur zu kommen, und wenn man anderseits die Seile auf Grund zuverlässiger Rechnungen von vornherein richtig bemessen will.

Daran ändert der Umstand, daß durch die innere Seilreibung und andere Einflüsse besonders die Spitzen der Spannungskurven verkleinert werden, nichts Wesentliches, wenn auch diese vor allem bei kurzen Seilen den für einen masselosen Faden in Betracht kommenden Spannungslinien dadurch ähnlich werden. Von ausschlaggebender Bedeutung bleibt es, daß für den vorliegenden Belastungsfall, wie auch immer die Spannungskurven im einzelnen aussehen mögen, zur Berechnung der im Anfang der Beschleunigungsperiode auftretenden Höchstspannungen in erster Linie die Maschinenmassen und nicht die Korbmasse in die Spannungsgleichungen einzuführen sind.

Es wäre auch grundsätzlich falsch, wollte man, von der Korbmasse ausgehend, die übliche, aus der Gleichung 1) hervorgehende

---

[1]) S. auch Formel 9) und 10).
[2]) Dies ist auch noch der Fall, wenn die Maschinenmassen kleiner sind als die Korbmasse, wie die Darlegungen auf S. 14 u. 15 und die Formel 9) zeigen werden. (S. auch Anm. 4 S. 16.)

Formel $\sigma = \dfrac{M_K\,p}{F}$ etwa durch Hinzufügen eines Beiwertes zu verbessern suchen; dieser würde sich nach der Lage der Dinge nur durch eine Funktion, in der die Massen M_M doch wieder eine wichtige Rolle spielen müßten, ausdrücken lassen. Eine für den Ingenieur brauchbare Formel kann nur gewonnen werden, wenn die als Grundlage dienende Gleichung im Aufbau in der Hauptsache richtig ist, d. h. die für die Seilbeanspruchung wichtigsten Einflüsse — und dazu gehört der der Seilmasse — berücksichtigt; dann besteht die Aussicht, daß sich die beim Förderseil mehr als bei anderen Maschinenelementen vielseitigen Nebenumstände in einem verhältnismäßig einfachen Koeffizienten oder Korrektionsglied zum Ausdruck bringen lassen, wozu Versuche die Zahlenwerte zu liefern haben.

5. Die Berücksichtigung der Dämpfung der Schwingungen, der Anfangswert p_a der Anfahrbeschleunigung und die Mitwirkung der Leerkorbmassen.

Die für die größte dynamische Zugbeanspruchung im Seile geltende Gleichung 8) liefert mit dem je nach der Größe des Massenverhältnisses $\left(m_0 = \dfrac{M_M}{M_S}\right)$ zwischen 1,6 (bei kleinem m_0) und 2 (bei großem m_0) zu wählenden Beiwert c etwas zu große Spitzenwerte der Spannung, weil die Bewegung der Seilmassenelemente bei der Schwingung in Wirklichkeit durch die innere Reibung im Seile und im Seilmaterial zum Teil gehemmt wird. Um die dadurch bewirkte Dämpfung der Schwingungen zunächst schätzungsweise zu berücksichtigen, soll der Wert c auf 1 bis 1,5 verringert werden.[1]

Anderseits ist aber noch zu erwähnen, daß als Beschleunigung p nicht ohne weiteres die sog. Anfahrbeschleunigung eingeführt werden darf, weil dieser Wert mit dem Beginn der Anfahrperiode nur auftreten würde, wenn die Korb- und Seilmassen sowie die Maschinenmassen M_M starr miteinander verbunden wären, wie dies bei der üb-

---

[1] Eine erstmalige Verkleinerung des Rechnungswertes σ ist schon durch das Fortlassen der auf S. 13 erwähnten Korrektur zu Gleichung 8) vorgenommen worden, während anderseits die Gleichung 8) durch die Vernachlässigung der Spannungsänderungen infolge der sekundären Korbschwingungen (s. S. 10) einen je nach der Größe der Korbmasse mehr oder weniger zu hohen Wert liefern kann; es wird angenommen, daß die vorgeschlagenen Beiwerte dies für mittlere Verhältnisse genügend ausgleichen. Von der Längenänderung des Seiles in der Zeit bis zum Entstehen der Höchstspannung kann bei der Bestimmung des Wertes M_S abgesehen werden.

lichen Berechnung des Wertes p immer vorausgesetzt wird. Wie die Verhältnisse bei der Fördermaschine liegen, kann das mit der Einschaltung des Motors sofort vorhandene, für die gleichzeitige Beschleunigung aller Massen vorgesehene und als konstant angenommene Anfahrdrehmoment zunächst nur an den mit seinem Anker durch eine Kupplung verbundenen Massen der Maschine wirksam werden. Ehe der Lastkorb mit seinem Seile in eine beschleunigte Bewegung geraten kann, müssen zuvor in dem elastischen Seile die für die Kraftübertragung notwendigen Dehnungen geschaffen werden; dazu gehört aber, wie schon bekannt, eine meßbare Zeit.

Bei einem 1000 m langen Seile gelangen die ersten durch das Seil sich fortpflanzenden Dehnungen nach rd. $\frac{1}{3}s$ an das Seilende über dem Korbe. Erst mit dem Abklingen der Schwingungen sinkt die Beschleunigung schwingungsartig auf den dann für alle Massen konstanten Wert p und die Spannung über dem Korbe auf den gleichwertig bleibenden Betrag $\sigma = M_K \cdot \dfrac{p}{F}$; Korb, Seil und Maschine haben von diesem Augenblick an jederzeit übereinstimmende Geschwindigkeit, die bei weiterer Beschleunigung noch steigen kann. Bei der Kürze der Anfahrperiode ist das Abklingen aller Schwingungen während dieser Zeit freilich im allgemeinen nicht zu erwarten.

Bezeichnet man mit M die Summe aller zu beschleunigenden Massen, so würde für die eintrumige, wie auch für die zweitrumige Fördermaschine die anfängliche Beschleunigung der Maschinenmassen zu berechnen sein als $p_a = p \cdot \dfrac{M}{M_M}.$

Dieser Wert fällt in vielen Fällen erheblich größer aus als der der mittleren Beschleunigung p, und demzufolge wird auch die Seilbeanspruchung nennenswert größer, als es die Rechnung mit dem Betrag p angibt.

Die genauere Formel, die ganz allgemein auf aufwärtsbeschleunigte Hebezeugseile anwendbar ist, lautet deshalb

$$\sigma_{\max} = \frac{c\,(M_M + M_S)\,p_a}{F} \quad \cdots \cdots \cdots \ 9)$$

mit dem Beiwert $c = 1$, bei kleinem Massenverhältnis $\left(m_0 = \dfrac{M_M}{M_S} \right)$ bis 1,5 bei großem m_0.

Will man nun das Rechnen mit den beiden Beschleunigungen p und p_a vermeiden, so kann man wohl auch innerhalb gewisser Grenzen[1]) mit der mittleren Beschleunigung p rechnen, wenn man den auf 1 bis 1,5 reduzierten Wert c wieder auf einen zwischen 1,5 und 2 liegenden erhöht, weil $p < p_a$ ist. Ein nahe der Zahl 2 liegender Beiwert kommt in Frage, wenn die Maschinenmassen M_M ein Mehrfaches der Seilmasse M_S sind, der Wert 1,5, wenn das Verhältnis $m_0 = \dfrac{M_M}{M_S}$ klein ist.

Die für Überschlagsrechnungen, bei denen vielleicht die Werte M_M und M_S ohnehin noch nicht endgültig festliegen, einstweilen in Vorschlag zu bringende Formel für die Seilbeanspruchung, soweit sie als dynamische bei der Aufwärtsbeschleunigung auftritt, würde demnach lauten:

$$\sigma_{\max} = \frac{c\,(M_M + M_S)\,p}{F} \qquad \ldots \ldots 10)$$

mit dem Beiwert $c = 1{,}5$ bis 2.[2])

Diese Formel, in der p die mittlere Anfahrbeschleunigung bedeutet[3]), und Gleichung 9) sollen, wie schon auf S. 10 und 12 angedeutet wurde, für die Berechnung der dynamischen Spannung über dem Korbe und an der Trommel gelten, da beide Beanspruchungen im allgemeinen nicht erheblich voneinander abweichen werden.[4])

Die Gesamtbeanspruchung des Seiles folgt dann in der Hauptsache als Summe der dynamischen und der statischen Spannung, sowie der Biegungsanstrengung für die Querschnitte an der Seilscheibe und an der Trommel.[5])

---

[1]) Die Korb-, sowie die Seil- und Maschinenmassen müssen dabei für die in Frage kommenden Aufgaben in einem nicht zu stark schwankenden Größenverhältnis zueinander stehen; ob die nachstehende Formel 10) brauchbare Werte liefert, ist bei häufig wiederkehrenden Aufgaben im voraus einmal für mittlere Verhältnisse mittels Gleichung 9) zu kontrollieren.

[2]) Über die Berücksichtigung des Leerkorbes s. S. 17.

[3]) Während in Gleichung 8) unter p die tatsächliche Beschleunigung, z. B. p_a, zu verstehen ist.

[4]) Wenn bei großen Korb- und kleinen Maschinenmassen die Formel 2) größere Werte liefert als Gleichung 10), was daher rührt, daß in diese Gleichung 10) dann an Stelle der besonders groß ausfallenden Anfangsbeschleunigung p_a die wesentlich kleinere mittlere Beschleunigung p eingeführt wird, wäre der größere Spannungswert bei der Seilbemessung zugrunde zu legen oder besser Formel 9) mit dem Werte p_a und $c = 1$ bis 1,5 zu benutzen. Gleichung 10) ist dann eben verkehrterweise für Massenverhältnisse, die außerhalb der auf S. 15 erwähnten Grenzen liegen, angewendet worden. (S. a. Anm. 1 S. 16.)

[5]) Die Reibung des Korbes an den Führungen, die Widerstände der Luft und infolge der Seilsteifigkeit vergrößern die Spannungswerte noch um einige Prozent.

Von der näheren Erörterung des Einflusses etwa vorhandener Korbfedern oder der Seilreibung auf der Trommel auf die Reflexionen soll hier Abstand genommen werden, weil — abgesehen davon, daß hierfür nur Versuche ausreichenden Aufschluß geben könnten — die Frage der Seilbeanspruchung in Anbetracht des für diese Abhandlung gesteckten Zieles nicht auch auf diese und auf andere Nebenumstände bei Kranen und Aufzügen ausgedehnt werden kann.

Es galt zunächst, schnell eine für bevorstehende Versuche an Seilen zugrunde zu legende Formel zu finden und die Berechtigung zu ihrer Anwendung — einstweilen auch für die Seilberechnung — durch Betrachtungen ähnlicher, wissenschaftlich zum Teil erforschter Schwingungsvorgänge in anschaulicher Form nachzuweisen.

Deshalb kann auch auf die mit den Schwingungen der Maschinenmassen und beider Körbe sowie eines etwa vorhandenen Unterseiles einhergehenden gekoppelten Schwingungen und den daraus sich ergebenden Superpositionen der Spannungswerte hier nicht näher eingegangen werden.

Es soll bezüglich des Leerkorbes nur kurz noch folgendes erwähnt werden: An den abwärtsgehenden Korb (Leerkorb bei aufwärtsfahrendem Lastkorb) kann eine Beschleunigungskraft durch das nur Zugkräfte übertragende Seil nicht unmittelbar seitens der Maschine abgegeben werden; er muß die durch die Trommelbewegung gegebene Beschleunigung unter dem Einfluß der Schwere annehmen und die dazu erforderliche Arbeit aus seiner potentiellen Energie decken, wobei seine Gewichtswirkung auf die Trommel entsprechend abnimmt. Der Gewichtsausgleich der beiden Körbe ändert sich demnach im Laufe der Anfahrperiode. Das Leerkorbseil gehört mit seiner Masse, soweit es sich auf der Trommel befindet, ohne weiteres zu den sog. Maschinenmassen M_M. Von den Leerkorbmassen kann man bei der Berechnung der Schwingungsspannungen des Lastkorbseiles entweder absehen, wenn die Berücksichtigung nicht von Bedeutung erscheint, oder man nimmt sie, indem man sie zu den Maschinenmassen hinzuzählt, als mit diesen starr verbunden an, wobei dann die anfängliche Beschleunigung p_a in der Rechnung entsprechend geringer erscheint. Besonders bei kurzem Seile zwischen Leerkorb und Trommel kann man diese Auffassung gelten lassen, und beim Anfahren des aufwärtsgehenden Lastkorbes liegen die Seilverhältnisse gewöhnlich so.

Es ist anzunehmen, daß die Formel 9) sich an Hand von Versuchs- und Rechnungsergebnissen so wird ausgestalten lassen, daß sie die wichtigsten Nebenumstände, besonders die Dämpfung der Schwingungen, sowie den Einfluß der Schwere auf die Seilmasse und der sekundären Schwingungen mit praktisch genügend großer Genauigkeit berücksichtigt.

Sonst kann erst nach der Auswertung größerer Versuchsreihen darüber entschieden werden, ob sich für die endgültig vorzuschlagende Formel der Aufbau nach Gleichung 9) weniger eignet, ob die Wirkung der Schwere auf die Seilmasse durch Änderung des zweiten Klammergliedes oder durch Hinzufügen eines weiteren Gliedes zum Ausdruck zu bringen ist; ob zur Berücksichtigung der sekundären Schwingungen des Korbes eine Gleichung von der Form

$$\sigma_0 = \frac{[c\,(M_M + M_S) - c_1/M_K]\,p_a}{F}$$

oder mit mehreren Beiwerten und mit einer Korrektur zur Berücksichtigung der Schwerkraftwirkung zu empfehlen ist; oder ob das Ableiten einer genaueren Grundgleichung aus der Differentialgleichung für die Seilschwingungen notwendig sein wird.

6. Durchrechnung zweier Zahlenbeispiele.

Es sollen nun zwei Beispiele durchgerechnet werden, deren Zahlenwerte ein noch anschaulicheres Bild der Seilbeanspruchungen bieten werden.

Beispiel 1. Für eine große Fördermaschine gelten die nachstehenden Daten:

Nutzlast . . . . 6000 kg
Lastkorbgewicht (einschl. Wagen und Nutzlast) . . . 20000 »
Leerkorbgewicht einschl. der leeren Wagen . . . . . . 14000 »
Seilgewicht auf der Lastkorbseite . . . . 15000 »
Seil auf der Leerkorbseite . . . . 15000 »
Massengewicht der Trommeln mit Bremsscheiben und
    Motoranker ohne Leerkorbseil . . . . 60000 »
Seilquerschnitt F . . . . 15 cm²
Mittlere Anfahrbeschleunigung p (aller Massen gleichzeitig) 1 m/s².

Der vor dem Füllort hängende Lastkorb werde angehoben. Rechnet man von den Massen der Leerkorbseite das Seil und den Korb zu den im ersten Augenblick beschleunigten Maschinenmassen M_M, so kommt die Anfangsbeschleunigung

$$p_a = \frac{p}{M_M} (M_M + M_S + M_K),$$

$$p_a = \frac{1 \cdot [(60\,000 + 15\,000 + 14\,000) + 15\,000 + 20\,000]}{60\,000 + 15\,000 + 14\,000},$$

$$p_a = 1{,}3 \text{ m/s}^2,$$

und damit ist im Anschluß an den obigen Hinweis, daß $p < p_a$ ist, zahlenmäßig gezeigt, wie die Werte in diesem Falle voneinander abweichen.[1]

Die dynamische Beanspruchung nach Gleichung 9) wird mit dem Beiwert $c \sim 1{,}3$

$$\sigma_{0\,max} = \frac{1{,}3 \, (89\,000 + 15\,000) \cdot 1{,}3}{9{,}81 \cdot 15} = 1200 \text{ kg/cm}^2,$$

oder nach Gleichung 10) mit dem Beiwert $c \sim 1{,}8$, wenn man von den Leerkorbmassen absieht und nur 14000 kg Leerkorbseil auf der Trommel berücksichtigt,

$$\sigma_{0\,max} = \frac{1{,}8 \, (74\,000 + 15\,000) \cdot 1}{9{,}81 \cdot 15} = 1080 \text{ kg/cm}^2.$$

Die Formel 1) würde nur den Betrag

$$\sigma_0 = M_K \cdot \frac{p}{F} = \frac{20\,000 \cdot 1}{9{,}81 \cdot 15} = 135 \text{ kg/cm}^2$$

oder, wenn nach Gleichung 2) mit $2p$ gerechnet wird,

$$\sigma_0 = 270 \text{ kg/cm}^2$$

liefern.

Man sieht, wie weit die für das masselose Seil geltenden Werte hinter der Spannung 1200 kg/cm² zurückbleiben. Da die statische Seilbeanspruchung über dem Korbe

$$\sigma_{0s} = \frac{20\,000}{15} = 1330 \text{ kg/cm}^2$$

beträgt, so steigt die Beanspruchung beim Anfahren auf den fast doppelten Wert.

---

[1] Bei großen Korb- und kleineren Maschinenmassen fällt der Unterschied zwischen den Werten p und p_a erheblich größer aus, ebenso beim Vorhandensein eines Unterseils, das Maschinen dieser Größe in der Regel besitzen.

Beispiel 2. Für eine kleinere Trommelmaschine (620 m Teufe), für die die Stoßbeanspruchungen auf S. 55 u. 56 in des Verfassers oben erwähnter Arbeit durchgerechnet sind, kommt bei den Gewichten für die

Nutzlast . . . . 3 900 kg
Leerkorb mit leeren Wagen . . . . 3 150 »
Lastkorb mit Wagen und Nutzlast . . . . 7 050 »
Lastkorbseil . . . . 2 500 »
Leerkorbseil . . . . 2 500 »
Maschinenmassen ohne Leerkorbseil . . . . 15 500 »
Maschinenmassen mit aufgewickeltem Leerkorbseil . $\sim$17 500 »
Seilquerschnitt . . . . 4,12 cm²
Mittlere Anfahrbeschleunigung . . . . $p = 1$ m/s²
und dem Beiwert . . . . $c = 1,85$

nach Gleichung 10)

$$\sigma_{0\,max} = \frac{1,85\,(17\,500 + 2500) \cdot 1}{9,81 \cdot 4,12} = 910 \text{ kg/cm}^2$$

gegenüber

$$\sigma_0 = \frac{7050 \cdot 1}{9,81 \cdot 4,12} = 170 \text{ kg/cm}^2$$

nach der üblichen Formel 1).
Die statische Spannung über dem Korbe ist

$$\sigma_{0s} = \frac{7050}{4,12} = 1710 \text{ kg/cm}^2.$$

Da die Köpemaschine wesentlich kleinere Maschinenmassen besitzt, fallen die dynamischen Spannungen beim Anfahren bei dieser Maschinengattung unter sonst gleichen Umständen geringer aus[1]), d. h. das Seilstück über dem Korbe wird bei Köpemaschinen mehr geschont, wie es auch die praktischen Erfahrungen lehren; die alte Formel 1) gibt dagegen unabhängig von der Maschinenart bzw. von der Größe der Maschinenmassen in beiden Fällen, bei der Trommel- und bei der Köpemaschine, dieselbe Beanspruchung $\sigma_0 = M_K \cdot \dfrac{p}{F}$, die ohnehin viel zu niedrig ist.

---

[1]) Auch wenn man mit der Gleichung 9) rechnet und die bei der Köpemaschine verhältnismäßig größere Anfangsbeschleunigung p_a einführt.

Für den Querschnitt an der Trommel sinkt die Gesamtsicherheit des Seiles noch weiter herab, besonders weil die statische Belastung größer ist als für den Seilteil über dem Korbe, und weil noch die Biegungsbeanspruchung der Seildrähte hinzukommt. Allerdings wechseln infolge der Trommelbewegung beim Anfahren die Reflexionsstellen dabei ständig, so daß bei Überbeanspruchungen die Verluste an Arbeitsvermögen[1]) des Drahtmaterials sich auf eine größere Seilstrecke verteilen; die Reflexionsspannungen über dem Korbe beanspruchen dagegen ungünstigerweise stets denselben Seilquerschnitt.

Bei der Köpemaschine entstehen an der Auflaufstelle des Seiles an der Treibscheibe unter sonst gleichen Verhältnissen kleinere Schwingungsbeanspruchungen als bei der Trommelmaschine, also auch kleinere Gesamtbeanspruchungen.

7. Die Seilbeanspruchung beim Bremsen des abwärtsfahrenden Korbes.

Wie bei einem in der Aufwärtsrichtung beschleunigten Korbe, so liegen die Verhältnisse auch bei einer abwärtsfahrenden Förderlast oder bei einer Kranlast, deren Bewegung seitens der Maschine durch mechanisches oder elektrisches Bremsen oder durch Geben von Gegendampf verzögert wird; die Bremse erzeugt eine mittlere Verzögerung p, und damit geht von den Maschinenmassen eine Kraftwirkung aus, die sich durch das elastische Seil zum Korbe hin fortpflanzt. Die Formel 10)

$$\sigma_{max} = \frac{c\,(M_M + M_S)\,p}{F} \quad \text{mit } c = 1{,}5 \text{ bis } 2$$

gilt also, sinngemäß angewendet, auch für die eben gekennzeichnete Bremsperiode, ebenso die Gleichung 9), wenn man mit der anfänglichen Verzögerung p_a genauer rechnen will.

Da die Verzögerung durch elektrisches und mechanisches Bremsen bei der elektrischen Fördermaschine und durch mechanisches Bremsen und Gegendampfgeben bei der Dampffördermaschine mit Werten bis zu etwa 5 m/s² weit höhere Beträge erreichen kann, als sie bei der Beschleunigung vorkommen, so kann die Betriebssicherheit des Seiles durch wiederholtes, starkes Bremsen sehr herabgemindert werden.

---

[1]) S. des Verf. »Ein Beitrag zur Berechnung der Drahtseile . . . .«, S. 62 u. 63.

Ein in der Zeitschrift für Berg-, Hütten- und Salinenwesen 1909 erwähnter Unfall, bei dem Bremsstöße den Bruch des Seiles nachgewiesenermaßen vorbereitet haben, bestätigt dies; der Bruch trat beim Geben von Gegendampf bei einer Abwärtsfahrt während der Seilfahrt ein. Nach dem Erörterten nimmt es auch nicht mehr wunder, wenn ein Seilbruch bei der Seilfahrt, also bei geringer belastetem Korbe, auftritt: die größte dynamische Seilbeanspruchung ist eben bei der gebremsten Abwärtsfahrt für die in Betracht kommenden Nutzlastschwankungen bei derselben Verzögerung so gut wie unabhängig von der Größe der Korbmasse und vielmehr durch die bei der Last- und bei der Seilfahrt gleich großen Maschinenmassen bedingt; die Biegungsanstrengung ist bei der Seilfahrt auch ebenso groß wie bei der Massenfahrt, und nur die statische Spannung ist etwas kleiner.

Die Köpemaschine, bei der die Maschinenmassen kleiner sind und die Bremse für kleinere Bremskräfte bemessen wird, weil der Gesamtwert der abzubremsenden Massen geringer ist, steht wie beim Anfahren auch in dieser Hinsicht günstiger da; das Köpeseil wird deshalb, wie nochmals festgestellt werden muß, besonders auch über dem Korbe länger zuverlässig bleiben als das Seil der Trommelmaschine.

8. Die dynamische Seilbeanspruchung beim Anfahren des abwärtsgehenden und beim Bremsen des aufwärtsfahrenden Korbes.

Schließlich soll noch einiges über die Seilbeanspruchung beim Beschleunigen eines abwärtsfahrenden Korbes oder einer sinkenden Kranlast kurz angedeutet werden, wenngleich diese Spannung selten für die Bestimmung des Seilquerschnittes maßgebend sein wird.

Bei einer zweitrumigen Fördermaschine erfolgt die Bewegung eines abwärtsfahrenden Leerkorbes, wie schon auf S. 17 erwähnt, unter dem Einfluß der Schwere mit der mittleren Beschleunigung p oder, richtiger gesagt, mit der durch die Größe der Maschinenmassen und des Anfahrdrehmomentes bedingten anfänglichen Beschleunigung

$$p_a = p \cdot \frac{M}{M_M}.$$

Bei dem schwingenden Leerkorbseil entsteht die Spannung σ_0 an der Trommel, und sie wird ihrer Größe nach in erster Linie von der nach der teilweisen Spannungsentlastung im Seile zuerst ins Schwingen geratenden Korbmasse abhängen. Wenn man deshalb von den sekundär eintretenden, durch die Korb- und Seilmassenbewegungen veranlaßten Schwingungen der Maschinenmassen wiederum absieht, so ist für die größte dynamische Beanspruchung an den Seilenden bei diesem Belastungsfall eine Gleichung von der Form

$$\sigma_0 = \sigma_{max} = \frac{c\,(M_K + M_S)\,p_a}{F} \quad \ldots \ldots \quad 11)$$

anzusetzen. (Vgl. auch Gleichung 6) und S. 12.)[1]

Für den Beiwert c ist, wie auf S. 15 für Gleichung 9) vorgeschlagen wurde, der Betrag 1 (bei kleinem m_0) bis 1,5 (bei großem m_0) zu wählen, wobei aber das Massenverhältnis $m_0 = \dfrac{M_K}{M_S}$ zu setzen ist.

Handelt es sich um das Einhängen von Material oder um die Abwärtsfahrt des Korbes einer eintrumigen Maschine oder einer Kranlast, so erfolgt die Einleitung des Anfahrprozesses durch teilweises Lüften der Bremse oder durch volles Aufheben der Bremskraft und Einschalten eines Bremsmomentes im Motor, und die Berechnung des Wertes p_a nach der oben stehenden Formel 11) ist dann in der Regel nicht mehr gerechtfertigt. Der Maschinist wird den Motor so schalten oder die Bremse soweit lüften, daß die Maschinenmassen die Bewegung mit einer Beschleunigung $\sim p$ beginnen, und dementsprechend wäre in solchen Fällen die mittlere Beschleunigung in Gleichung 11) einzuführen.

Dann lautet die Formel

$$\sigma_{max} = \frac{c\,(M_K + M_S)\,p}{F} \quad \ldots \ldots \quad 12)$$

die anderseits mit den Beiwerten $c = 1,5$ bis 2 innerhalb gewisser Grenzen auch für überschlägige Rechnungen an Stelle der Gleichung 11) angewendet werden kann.

Fährt der Korb von der Hängebank ab, so kann im allgemeinen die geringe Seilmasse zwischen Korb und Trommel bei der Rech-

---

[1] Dies kann zunächst als genügend angenähert empfohlen werden, wenngleich die Verhältnisse nicht ganz die gleichen sind wie bei der Belastung nach Fig, 3. Nur bei extremen Größenverhältnissen (große Korb-, sehr kleine Maschinenmassen) würde diese Gleichung zu große Beträge liefern; dann kann die Gleichung 12) Werte geben, die besser zutreffen. Vgl. auch Anm. 1 S. 11 für die Beschleunigung des leeren Kranhakens.

nung vernachlässigt werden, und die Gleichung 12) geht, da das Massenverhältnis m_0 sehr groß ist und $c \sim 2$ gesetzt werden kann, in die einfachere Form

$$\sigma_{max} = \frac{2 M_K\, p}{F}$$

über, die sich mit der entsprechenden Gleichung 2) deckt. Das Anwendungsgebiet für diese Formel ist bereits auf S. 2 angedeutet worden.

Die Gleichungen 11) und 12) können naturgemäß auch für die Seilbeanspruchung beim Bremsen während einer Aufwärtsfahrt angewendet werden.

9. Zusammenstellung der wichtigsten, für alle Hebezeuge geltenden Formeln.

Für die Berechnung der dynamischen Höchstbeanspruchungen in einem Förder-, Kran- oder Aufzugsseil beim Anfahren und beim Bremsen kommen namentlich die nachstehenden Formeln in Betracht, und zwar

Gleichung 9)[1]

$$\sigma_{max} = \frac{c\,(M_M + M_S)\,p_a}{F}$$

mit dem Beiwert $c = 1$ (für kleines m_0) bis 1,5 (für großes m_0)

[oder für überschlägige Rechnungen unter Beachtung der auf S. 16, Anm. 1 empfohlenen Kontrolle Gleichung 10)

$$\sigma_{max} = \frac{c\,(M_M + M_S)\,p}{F}$$

mit dem Beiwert $c = 1{,}5$ (für kleines m_0) bis 2 (für großes m_0)], wobei das Massenverhältnis $m_0 = \dfrac{M_M}{M_S}$ ist, für den aufwärtslaufenden Korb (bzw. die Kranlast) beim Anfahren und für den abwärtsfahrenden Korb beim Bremsen;

---

[1]) S. auch Anm. 2 S. 11.

Gleichung 11)

$$\sigma_{max} = \frac{c\,(M_K + M_S)\,p_a}{F}$$

mit dem Beiwert $c = 1$ (für kleines m_0) bis 1,5 (für großes m_0)

[oder für abgekürzte Rechnungen und bei kleinen Maschinenmassen Gleichung 12)

$$\sigma_{max} = \frac{c\,(M_K + M_S)\,p}{F}$$

mit dem Beiwert $c = 1,5$ (für kleines m_0) bis 2 (für großes m_0)] und $m_0 = \dfrac{M_K}{M_S}$ für den abwärtslaufenden Korb beim Anfahren und für den aufwärtsfahrenden Korb beim Bremsen.

Hierin bedeuten:

σ_{max} in kg/cm² die größte an der Trommel und über dem Korbe auftretende dynamische Zugspannung im Seile[1]),

M_K, M_M und M_S in $\dfrac{\text{Gewichts-kg}}{9{,}81} \cdot \dfrac{\text{s}^2}{\text{m}}$ die Massen des Korbes, der Maschine (ev. einschl. des Leerkorbes) und des durch die Schwingungen beanspruchten Seilteiles,

M die Summe aller beim Anfahren oder Bremsen zu be-schleunigenden bzw. zu verzögernden Massen,

p in m/s² die mittlere Anfahrbeschleunigung bzw. Bremsver-zögerung,

$p_a = p \cdot \dfrac{M}{M_M}$ in m/s² die anfängliche Beschleunigung bzw. Verzögerung,

F in cm² den tragenden Querschnitt aller Seildrähte.

Es ist, wenn dies nicht von vornherein klarliegt, von Fall zu Fall zu untersuchen, welche der zwei Formelgruppen bei den vor-liegenden Belastungsmöglichkeiten die größte, für die Seilbemessung maßgebende Beanspruchung liefert; in der Regel wird der Höchst-wert aus Gleichung 9) kommen.

---

[1]) Die vorstehenden Formeln gelten nur für Höchstspannungen σ_{max}, die unterhalb der Proportionalitätsgrenze des Seildrahtmaterials liegen.

10. Schlußwort mit dem Hinweis auf die Notwendigkeit der Bestimmung der Beiwerte durch Versuche.

Nach den Erörterungen in den vorhergehenden Abschnitten ist zu befürchten, daß die Sicherheit des Seilteiles über dem Förderkorb und an der Trommel bei manchem Seil, das nach den zurzeit geltenden Vorschriften berechnet ist, auch im normalen Betrieb, beim Anfahren oder doch beim Bremsen — ohne daß die als gefährlich bekannten Stöße aufzutreten brauchen — zu gering ist und infolgedessen bald noch weiter nachlassen wird. Das Seil muß so bemessen werden, daß die Spannungen die Elastizitätsgrenze nicht oder doch nicht erheblich überschreiten; nötigenfalls dürfen die Bremsen nicht zu große Verzögerungen erzeugen.

Der Nachweis, daß die Bremsen imstande sind, die Massen in kürzester Zeit zum Stillstand zu bringen, wie man ihn in Angeboten oder in Genehmigungsanträgen so oft findet, gewährleistet erst dann die damit gerühmte Betriebssicherheit, wenn gleichzeitig nachgewiesen werden kann, daß das Seil den beim Bremsen auftretenden Spannkräften ständig oder doch mit Sicherheit bis zum Ende der vorgeschriebenen Aufliegezeit gewachsen bleibt.

Die im Abschnitt 9) angeführten Formeln bieten vorläufig eine Handhabe zur Berechnung der beim Anfahren und beim Bremsen im Seile entstehenden dynamischen Beanspruchungen. Solche Rechnungen werden Werte liefern, die den in Wirklichkeit auftretenden Spannungen um so näher kommen, je mehr man in der Lage sein wird, die zunächst noch schätzungsweise bestimmten Beiwerte auf Grund von Versuchen genauer zu bemessen.

Die Ausführung dahin zielender Versuche ist dringend notwendig, und der Seilteil über dem Korbe eignet sich mehr als die übrigen Teile des Seiles für die dazu erforderlichen Dehnungsmessungen.

Nur fortlaufende wissenschaftliche Arbeiten, Versuche und das Sammeln und Verarbeiten der Betriebserfahrungen können dazu beitragen, daß die Betriebssicherheit der Seilbetriebe das dem Stande der Technik entsprechende Höchstmaß zunächst erreicht und dann in Zukunft beibehält.

Die Vorschriften für Förder- und Aufzugsseile, die auf Grund dieser Vorarbeiten zu verbessern oder neu zu erlassen sind, müssen sich beziehen auf die Konstruktion, die Herstellung, die Prüfung, die

Berechnung, die Abnahme, die Behandlung und die Überwachung und rechtzeitige Auswechselung der Seile. Rechtzeitig können die Seile aber nur ausgewechselt werden, wenn die Drahtseilberechnung soweit gefördert wird, daß nicht nur Festigkeitsrechnungen zuverlässig ausgeführt und im Zusammenhang damit Seilsicherheiten angegeben werden können, sondern wenn auch für gegebene Betriebsverhältnisse die Lebensdauer[1]) eines Seiles garantiert und in Abhängigkeit davon seine entsprechend kürzere Aufliegezeit bestimmt werden kann.

---

[1]) S. Benoit, Die Drahtseilfrage, S. 118, 119.

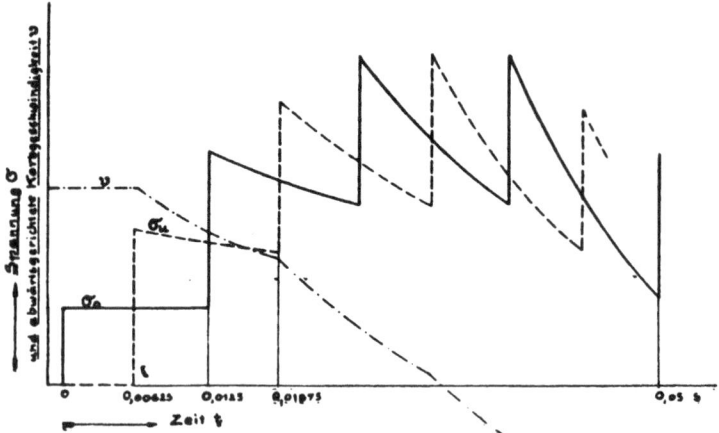

Fig. 1.

Fig. 2.

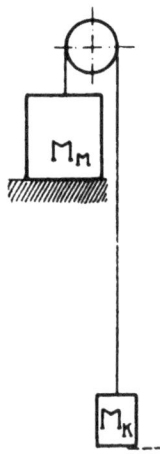

Fig. 3.

Fig. 4.

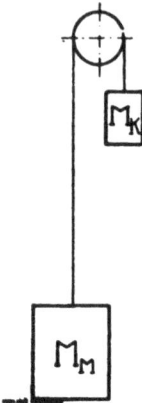

Fig. 5.

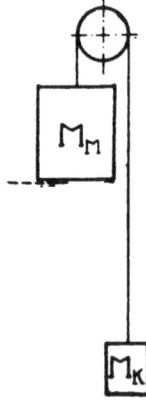

Fig. 6.

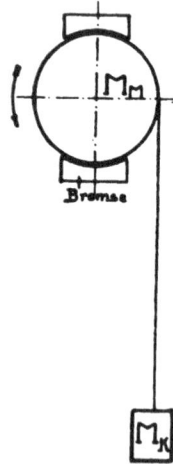

Fig. 7.

Druck und Verlag von R. Oldenbourg, München und Berlin.